中老年 学 微信

恒盛杰资讯　编著

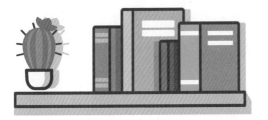

全程图解手册

机械工业出版社
China Machine Press

图书在版编目（CIP）数据

中老年学微信全程图解手册/恒盛杰资讯编著. —北京：机械工业出版社，2017.9（2018.5重印）

ISBN 978-7-111-58044-7

Ⅰ．①中… Ⅱ．①恒… Ⅲ．①手机软件 – 操作系统 – 中老年读物 Ⅳ．①TP316–49

中国版本图书馆CIP数据核字（2017）第231154号

本书是为中老年朋友量身打造的微信使用教程，精选了满足日常社交和生活需求的各种实用操作进行详细讲解，力求达到"一书在手不求人"的学习效果。

全书共 10 章。第 1 章讲解微信的下载、安装、注册等基本操作。第 2 章和第 3 章讲解微信账号信息和微信功能的设置。第 4 ~ 6 章讲解如何使用微信与好友交流与互动。第 7 章讲解微信在日常生活中的应用。第 8 章讲解微信信息的管理。第 9 章讲解微信公众号的使用。第 10 章介绍如何在电脑上使用微信。

本书使用大量实例保证了内容的实用性，并通过直观的图片提升学习的趣味性，非常适合想要用好微信的中老年读者阅读，同时也适合其他对微信不熟悉的读者参考。

中老年学微信全程图解手册

出版发行：机械工业出版社（北京市西城区百万庄大街22号　邮政编码：100037）

责任编辑：杨　倩　　　　　　　　　　　责任校对：庄　瑜

印　　刷：北京天颖印刷有限公司　　　　版　　次：2018年5月第1版第3次印刷

开　　本：170mm×242mm　1/16　　　　印　　张：7.5

书　　号：ISBN 978-7-111-58044-7　　　定　　价：39.80元

凡购本书，如有缺页、倒页、脱页，由本社发行部调换

客服热线：（010）88379426　88361066　　　　投稿热线：（010）88379604

购书热线：（010）68326294　88379649　68995259　　　读者信箱：hzit@hzbook.com

PREFACE

前言

　　随着移动互联网的飞速发展和智能手机等先进的移动设备的普及，微信这一社交软件越来越流行。微信拓展了人们的社交渠道，甚至在某些方面改变了生活和社交的习惯：不管是新朋初识还是旧友重逢，都要先在微信上互加好友；出门购物消费不带钱包只带手机，使用微信"扫一扫"支付；每天花大量时间刷"朋友圈"、看"公众号"来获取资讯；逢年过节改用微信发送祝福，不是春节也仍然兴致勃勃地"发红包"和"抢红包"……

　　如今，不仅年轻人在工作、学习和生活中频繁使用微信，许多中老年朋友对"玩"微信也乐此不疲。但是，大多数中老年人对微信的许多实用功能和使用技巧还不是很熟悉，对于微信在实际生活中的应用更是不甚了解。本书就是专为中老年朋友编写的微信使用教程，帮助中老年朋友用好微信，让沟通更高效、生活更多彩。

◎ 内容结构

　　全书共 10 章，对中老年朋友在使用微信过程中可能会遇到的各种问题进行了详细解答。

　　第 1 章讲解微信的下载与安装，以及微信账号的注册、登录与退出。

　　第 2 章讲解微信账号的头像、昵称、签名等个性化信息和资料的设置。

　　第 3 章讲解微信的功能设置，包括提醒模式、聊天背景、表情、隐私、字体、安全等内容。

　　第 4 ～ 6 章讲解如何使用微信与好友交流与互动，包括添加好友的多种方式、用文字和语音聊天、进行实时通话、发送图片和表情、发送红包和转账、分享地理位置、朋友圈的使用方法等内容。

　　第 7 章讲解微信在日常生活中的应用，包括使用微信进行银行卡绑定、付款、话费充值、生活缴费、打车等内容。

　　第 8 章讲解微信信息的管理，包括好友、朋友圈动态、聊天记录的删除，消息和图片的转发与保存等。

　　第 9 章讲解微信公众号的使用，包括搜索和关注公众号、收藏和分享文章等内容。

　　第 10 章介绍如何在电脑上使用微信。

◎编写特色

★循序渐进，环环相扣

本书从下载和安装微信等基本操作开始讲解，逐步过渡到微信在日常社交和生活中的应用，带领中老年朋友一步一个脚印地"玩转"微信。

★内容丰富，知识全面

本书的内容基本涵盖了微信强大功能的方方面面，让中老年朋友能够全面掌握微信的使用。

★步骤详尽，轻松学习

本书对每个功能均以"一步一图"的方式进行讲解，直观的图片演示和详尽的操作指导，让中老年朋友一看就能明白。

◎读者对象

本书非常适合想要用好微信的中老年读者阅读，同时也适合其他对微信不熟悉的读者参考。

由于编者水平有限，在编写本书的过程中难免有不足之处，恳请广大读者指正批评，除了扫描二维码添加订阅号获取资讯以外，也可加入 QQ 群 227463225 与我们交流。

编者
2017 年 8 月

如何获取云空间资料

一、扫描关注微信公众号

在手机微信的"发现"页面中点击"扫一扫"功能，如右一图所示，进入"二维码/条码"界面，将手机对准右二图中的二维码，扫描识别后进入"详细资料"页面，点击"关注"按钮，关注我们的微信公众号。

二、获取资料下载地址和密码

点击公众号主页面左下角的小键盘图标，进入输入状态，在输入框中输入本书书号的后6位数字"580447"，点击"发送"按钮，即可获取本书云空间资料的下载地址和访问密码。

三、打开资料下载页面

方法1：在计算机的网页浏览器地址栏中输入获取的下载地址（输入时注意区分大小写），如右图所示，按 Enter 键即可打开资料下载页面。

方法2：在计算机的网页浏览器地址栏中输入"wx.qq.com"，按 Enter 键后打开微信网页版的登录界面。按照登录界面的操作提示，使用手机微信的"扫一扫"功能扫描登录界面中的二维码，然后在手机微信中点击"登录"按钮，浏览器中将自动登录微信网页版。在微信网页版中单击左上角的"阅读"按钮，如右图所示，然后在下方的消息列表中找到并单击刚才公众号发送的消息，在右侧便可看到下载地址和相应密码。将下载地址复制、粘贴到网页浏览器的地址栏中，按 Enter 键即可打开资料下载页面。

四、输入密码并下载资料

在资料下载页面的"请输入提取密码"下方的文本框中输入步骤2中获取的访问密码（输入时注意区分大小写），再单击"提取文件"按钮。在新页面中单击打开资料文件夹，在要下载的文件名后单击"下载"按钮，即可将其下载到计算机中。如果页面中提示选择"高速下载"还是"普通下载"，请选择"普通下载"。下载的资料如为压缩包，可使用 7-Zip、WinRAR 等软件解压。

> **提示**
>
> 读者在下载和使用云空间资料的过程中如果遇到自己解决不了的问题，请加入 QQ 群 227463225，下载群文件中的详细说明，或找群管理员提供帮助。

手机连网指南

微信必须在手机连网的状态下才能正常使用,因此,在开始学习使用微信之前,首先要学习如何将手机连接到 Wi-Fi 无线网络和移动网络,并且需要了解连接公共网络时的安全注意事项。

1. 连接Wi-Fi无线网络

随着网络时代的快速发展,Wi-Fi 无线网络的覆盖范围越来越广泛。连接 Wi-Fi 无线网络后,能高速且可靠地使用微信等软件传输信息。

01 点击"设置"图标	02 点击"WLAN"按钮
打开手机,找到并点击"设置"图标,如下图所示。	进入"系统设置"页面,点击"WLAN"按钮。如下图所示。

03 打开"WLAN"

进入"WLAN"页面，可看到"关闭"后面的按钮呈灰色，即未打开状态，点击该按钮，如下图所示。

04 点击要连接的Wi-Fi热点

可看到"关闭"变为了"开启"，且后面的按钮呈蓝色，即打开状态。点击要连接的Wi-Fi热点，如下图所示。

05 连接Wi-Fi

❶在弹出的提示框的文本框中输入要连接的Wi-Fi的密码。❷点击"连接"按钮，如右图所示。

06 查看是否连接成功

在"WLAN"页面中可看到在"当前连接网络"下方显示了已连接成功的Wi-Fi，如右图所示。

> **提示**
>
> 苹果系统设备的"WLAN"按钮为"Wi-Fi"或"无线局域网"按钮。

2. 连接移动网络

智能手机不仅支持 Wi-Fi 无线网络，而且支持 2G/3G/4G 等移动网络，当无法使用 Wi-Fi 无线网络时，可以开启移动网络，具体操作如下。

01 点击"设置"图标

打开手机，找到并点击"设置"图标，如下图所示。

02 点击"双卡和移动网络"按钮

进入"系统设置"页面，点击页面中的"双卡和移动网络"按钮，如下图所示。

> **提示**
>
> 安卓系统单卡设备的"双卡和移动网络"按钮为"移动网络"按钮，苹果系统设备的该按钮则为"蜂窝移动数据"按钮。

03 打开"移动数据"

进入"双卡和移动网络"页面，可看到"移动数据"后面的按钮呈灰色，即未打开状态，点击该按钮，如下图所示。

04 查看是否打开"移动数据"

可看到"移动数据"后面的按钮呈蓝色，即打开状态，如下图所示。

3. 连接公共网络时的注意事项

在连接公共网络时，若不小心连接到欺骗性的网络热点，可能会导致财产损失及隐私泄露。为了防患于未然，中老年朋友应了解以下几条注意事项。

▷ 不需要使用网络时，请关闭手机的 Wi-Fi 开关，尤其是在户外或经过公共场所时，不要打开 Wi-Fi 开关，防止设备自动连接非法 Wi-Fi。

▷ 如果在同一区域有多个名称相似的 Wi-Fi，一定要注意分辨 Wi-Fi 名称的字母大小写、空格等信息，以免在选择 Wi-Fi 热点时不小心连接到名称类似的"钓鱼"Wi-Fi（为盗取用户隐私而架设的虚假 Wi-Fi）。

▷ 在使用免费公共 Wi-Fi 时，最好不要进行网银登录和转账、手机支付等与金钱有关的操作。如果不得不进行这些操作，也应尽量使用手机的移动网络。

▷ 在使用免费公共 Wi-Fi 时，不要下载并安装来历不明的软件。

CONTENTS 目 录

微信的安装、注册与登录

微信是一款即时通信工具，它可以发送文字、图片、语音消息和视频，并且消耗流量较少。使用微信与亲朋好友进行交流，已是当下沟通方式中的一种常态，俨然成为了一种新的生活方式。

1.1 使用"应用商店"下载并安装微信

若想使用微信与亲友进行交流，需先下载并安装微信应用程序。若中老年朋友的手机自带了可以下载软件的平台，即应用商店，就可以直接通过此方式下载微信，下载完毕后，手机系统将会自动安装该应用程序。

01 打开"应用商店"

打开手机，点击"应用商店"图标，如下图所示。

02 进入"应用商店"

进入"应用商店"页面，点击页面中的搜索框，如下图所示。

03 搜索"微信"

❶在搜索框中输入"微信"。❷在搜索框下方将弹出"微信"应用程序信息，点击"安装"按钮，如右图所示。

04 下载 "微信"

开始下载 "微信"，在搜索框下方将会弹出下载进度条，如下图所示。

05 安装 "微信"

下载完成后，系统将自动安装 "微信"。在搜索框下方的下载进度条右侧会显示 "安装中"，如下图所示。

06 完成 "微信" 的安装

系统安装完 "微信" 后，在搜索框下方的进度条右侧会显示 "打开" 按钮，如下图所示。

07 在手机桌面查看 "微信"

退出 "应用商店"，返回手机桌面，可看到桌面上添加了 "微信" 图标，如下图所示。

提示

部分安卓手机的软件下载平台称为 "应用市场"，苹果手机的软件下载平台为 "App Store"。

1.2 使用 "浏览器" 下载并安装微信

如果手机中没有应用商店，那么可以在手机浏览器中访问微信官网，下载安装包并安装微信。

01 打开 "浏览器"

在手机桌面上点击 "浏览器" 图标，如右图所示。

进入"浏览器"页面，点击位于页面中的搜索框，如下图所示。

❶在搜索框中输入"微信"。❷点击"搜索"按钮，如下图所示。

跳转至搜索结果页面，点击"微信"官网，如下图所示。

进入官网首页，点击页面中的"免费下载"链接，如下图所示，该网页会根据手机的系统型号进行下载。

弹出"微信安装包下载"对话框，点击"下载"按钮，如下图所示。

第1章

07 进入"下载"页面

❶点击页面底部的展开按钮。❷点击"下载"按钮，如下图所示。

08 点击安装包

进入安装包下载页面，点击下载完成的微信安装包，如下图所示。

09 安装"微信"

进入微信安装页面，点击"安装"按钮，如下图所示。

10 完成"微信"安装

安装完成后点击"完成"按钮，即可完成微信的安装，如下图所示。手机桌面上也会出现一个"微信"图标。

1.3 注册并登录微信

完成了微信应用程序的下载和安装后,要想使用该程序与朋友进行即时通信,还需使用手机号注册一个微信账号。注册完成后,系统会自动使用新注册的微信账号和设置的密码登录微信。

01 进入"微信"

点击手机桌面上的"微信"图标,如下图所示。

02 点击"注册"按钮

进入"微信"主页面,点击"注册"按钮,如下图所示。

03 填写注册信息

❶在"填写手机号"页面中输入"昵称""电话号码""密码"。❷点击"注册"按钮,如下图所示。

04 确认手机号码

弹出"确认手机号码"对话框,检查手机号码是否正确,若正确则点击"确定"按钮,如下图所示。

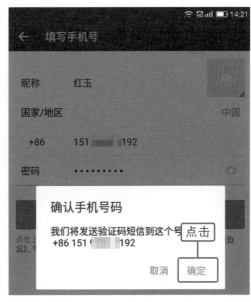

05 查看短信验证码

打开收到的验证码短信，查看并记住短信中的6位验证码，如下图所示。

06 填写验证码

❶返回"微信"，进入"填写验证码"页面，在文本框中输入验证码。❷点击"下一步"按钮，即可完成注册，如下图所示。

1.4 退出微信的登录

　　一部手机上只能登录一个微信账号，并且一个微信账号不能同时在两部手机上登录。若要在当前手机上换用其他微信账号登录，就要退出已登录的微信账号。

01 切换至"我"页面

点击"微信"主页面右下角的"我"按钮，如下图所示。

02 切换至"设置"页面

在新的页面中点击"设置"按钮，如下图所示。

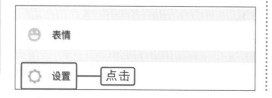

03 点击"退出"按钮

进入"设置"页面，点击"退出"按钮，如下图所示。

04 退出"微信"登录

弹出提示框，点击"退出当前账号"按钮，退出微信的登录，如下图所示。

1.5　找回忘记的登录密码

　　一般情况下，用户只要点击手机中的微信图标，便会自动登录微信。若用户退出了微信，并且再次登录账号时忘记了登录密码，则可以使用注册时的手机号来重新设定密码。完成新密码的设置后，系统会自动登录微信。

01	登录"微信"

进入"微信"登录页面时点击"更多"选项，如下图所示。

02	切换登录方式

弹出提示框，点击"切换账号"按钮，如下图所示。

03	使用短信验证码登录

❶跳转至"用短信验证码登录"页面，在文本框中输入注册微信时的手机号码。
❷点击"下一步"按钮，如下图所示。

04	查看短信验证码

打开收到的验证码短信，查看并记住短信中的6位验证码，如下图所示。

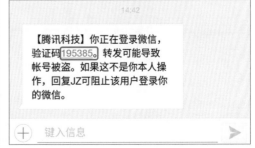

05 填写验证码

❶返回"微信",进入"填写验证码"页面,在"验证码"文本框中输入验证码。❷点击"下一步"按钮,如下图所示。

06 设置新的密码

❶跳转至"设置密码"页面,在"密码"和"确认密码"文本框中分别输入新的密码。❷点击"完成"按钮,即可完成新密码的设置,如下图所示。

学习笔记

设置个人信息

微信中的个人信息是展示自己的窗口之一。好友之间可以通过设置的头像、昵称及个性签名等识别对方，并了解对方的一些喜好，从而增进交流。本章将对微信中个人信息的设置进行详细介绍。

2.1 设置喜欢的头像

如果既想让朋友能够快速地认出自己，又想要保护自己的隐私，可设置一个既具有辨识度又符合自己喜好的头像，具体操作如下。

01 切换至"我"页面

❶打开"微信"，点击"我"按钮。❷点击头像，如下图所示。

02 修改"头像"

进入"个人信息"页面，点击"头像"按钮，如下图所示。

03 选择喜欢的图片

进入"图片"库，点击喜欢的图片，如下图所示。

04　使用图片作为头像

进入图片的编辑页面，点击"使用"按钮，如下图所示。

提示

　　在步骤03中也可以点击"拍摄照片"按钮拍照，并使用拍摄的照片作为头像。

05　上传头像

返回"个人信息"页面，系统提示"正在上传头像"，如下图所示。

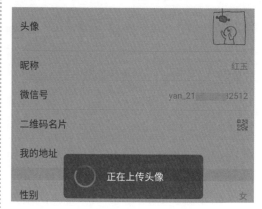

06　完成新头像的设置

返回"个人信息"页面，可看到"头像"按钮后的图片更换为了新设置的图片，如下图所示。

2.2　设置独具特色的昵称

　　在微信中，昵称是用来识别每个人的符号，它通过语言文字信息来区别人群个体差异。中老年朋友设置一个适合自己的昵称，能够方便好友准确地识别自己。

01　切换至"我"页面

打开"微信"，点击"我"按钮，如右图所示。

02 点击头像

进入"我"页面后，点击头像，如下图所示。

03 点击"昵称"按钮

进入"个人信息"页面，点击"昵称"按钮，如下图所示。

04 删除原有的昵称

进入"更改名字"页面，删除文本框中原有的昵称，如下图所示。

05 设置新的昵称

❶在文本框中输入新的昵称。❷点击"保存"按钮，如下图所示。

06 完成新昵称的设置

返回"个人信息"页面，即可看到"昵称"后面更换为了新的名字，如下图所示。

> **提示**
>
> 　微信昵称不支持一些特殊符号，如@、"、"。

第2章

2.3 设置个性签名

签名在凸显个性的同时也代表着自己当前的一种状态，设置个性签名能帮助好友了解自己的心情和近况。若中老年朋友对设置的个性签名不满意，可进行更换，具体操作如下。

01 点击"个性签名"按钮

打开"微信"，在"我"页面中点击头像，进入"个人信息"页面，点击该页面中的"个性签名"按钮，如下图所示。

02 设置个性签名

❶进入"个性签名"页面，在文本框中输入要设置的签名（最多可输入30个字符）。
❷点击"保存"按钮，如下图所示。

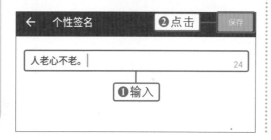

03 完成个性签名的设置

返回"个人信息"页面，即可看到"个性签名"按钮后的"未填写"更换为了新设置的签名，如下图所示。

提示

微信个性签名除支持文字和基本的中英文符号外，还支持emoji表情、颜文字等特殊符号。

2.4 设置二维码名片样式

通过二维码名片可以便捷地添加好友，但默认的二维码名片样式都是千篇一律的，缺乏美感。中老年朋友可以更换二维码名片样式，从而让好友眼前一亮。

01 点击"二维码名片"按钮

打开"微信"，在"我"页面中点击头像，进入"个人信息"页面，点击该页面中的"二维码名片"按钮，如下图所示。

02 点击竖排三点按钮

进入"二维码名片"页面，点击该页面右上角的按钮，如下图所示。

03 更换二维码样式

在弹出的菜单中点击"换个样式"命令，如下图所示。

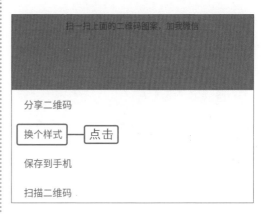

04 生成二维码

系统提示用户"正在生成二维码"，如下图所示。

05 完成二维码样式的设置

返回"二维码名片"页面，可看到新生成的二维码样式，如右图所示。

2.5 设置性别和地区

　　在成功注册微信账号后，用户可登录微信对性别和地区等个人信息进行设置，具体操作如下。

01 点击"性别"按钮

打开"微信"，在"我"页面中点击头像，进入"个人信息"页面，点击该页面中的"性别"按钮，如下图所示。

02 设置性别

弹出"性别"对话框，绿色单选按钮表示当前选择的性别，点击"男"单选按钮，如下图所示。

03 设置地区

返回"个人信息"页面，即可看到设置的性别。点击"地区"按钮，如下图所示。

04 选择地区

进入"选择地区"页面，可看到当前已选择的地区。点击"当前位置"下方的地区按钮，如下图所示。

05 完成地区的设置

返回"个人信息"页面，可看到地区设置为了当前位置，如右图所示。

提示

如果中老年朋友不想让其他人知道自己的真实信息，可随意设置性别和地区。

微信的功能设置

第3章

虽然微信的功能越来越齐全，用户在使用时也越来越方便，但有时用户仍会觉得一些功能不符合自己的需要，甚至妨碍了使用，如频繁的提示音、乏味的聊天背景、无趣的表情及账号的安全等。本章将对微信的各项设置进行详细介绍，解决中老年朋友在微信使用过程中遇到的一些功能问题。

3.1 新消息提醒和勿扰模式的设置

在使用微信进行沟通和交流时，由于每个人的生活习惯和作息时间的不同，有时候频繁的提示音会让人感到困扰。中老年朋友在遇到这样的问题时，可在微信中开启"勿扰模式"，在设置的时间段内收到新消息时，手机就不会响铃或振动，具体操作如下。

01 点击"设置"按钮

❶打开"微信"，点击"我"按钮。
❷点击"设置"按钮，如下图所示。

02 点击"新消息提醒"按钮

进入"设置"页面，在该页面中点击"新消息提醒"按钮，如下图所示。

03 进入"新消息提醒"页面

进入"新消息提醒"页面，可看到所有按钮默认为打开状态。点击该页面左上角的"返回"按钮，如下图所示。

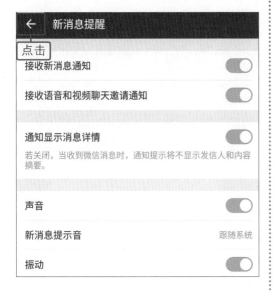

04 设置"勿扰模式"

返回"设置"页面，若在某个时间段不想被微信通知打扰，可在该页面中点击"勿扰模式"按钮，如下图所示。

05 打开"勿扰模式"

进入"勿扰模式"页面，在该页面中可看到"勿扰模式"后面的按钮呈灰色，即未打开状态，点击该按钮，如下图所示。

06 点击"开始时间"按钮

可看到上一步骤中呈灰色状态的按钮变成了绿色，即为打开状态。点击"开始时间"按钮，如下图所示。

07 设置"开始时间"的时针

❶在弹出的时间设置对话框中，点击要设置的时间段，如"上午"。❷点击时钟的数字，如"9"，如下图所示。

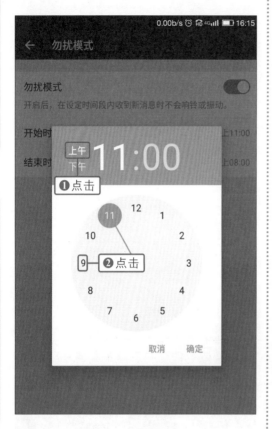

08 设置"开始时间"的分针

❶系统自动进入分针设置页面，点击时钟的数字，如"05"。❷点击"确定"按钮，如下图所示。

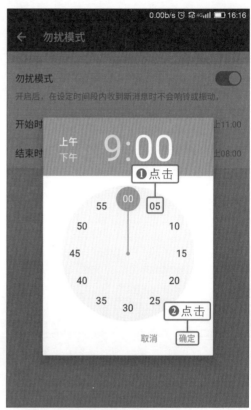

09 查看设置的开始时间

系统自动返回"勿扰模式"页面，可看到"开始时间"更改为了"早上09:05"，如下图所示。

10 设置"结束时间"

继续按照步骤07～步骤09的方式设置"结束时间"后，可看到该页面中的"开始时间"和"结束时间"更换为了设置的时间，如下图所示。

微信的功能设置

3.2 聊天背景的设置

　　长期使用单一的聊天背景与好友进行交流，会使人感到单调、乏味。此时，中老年朋友可以设置喜欢的聊天背景，在让人心情愉悦的同时，也能提高与好友交流时的兴致。不仅可以为全部朋友设置相同的聊天背景，也可以单独为某个好友设置特殊的聊天背景。具体操作如下。

1. 为所有朋友设置聊天背景

01 点击"聊天"按钮

打开"微信"，在"我"页面中点击"设置"按钮，进入"设置"页面，点击该页面中的"聊天"按钮，如下图所示。

02 打开"聊天背景"

进入"聊天"页面，点击该页面中的"聊天背景"按钮，如下图所示。

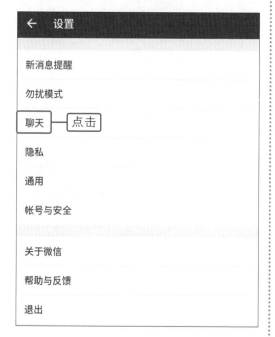

03 打开"背景图"库

进入"聊天背景"页面，点击该页面中的"选择背景图"按钮，如右图所示。

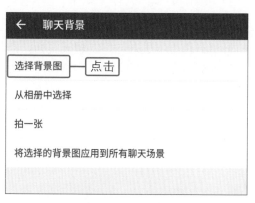

04 下载喜欢的背景图片

进入"选择背景图"页面，该页面中被勾选的图片为系统默认的聊天背景图。点击喜欢的背景图，如下图所示。

05 完成"聊天背景"的设置

下载完成后，再次点击该背景图片，如下图所示，即可将其设置为聊天背景。

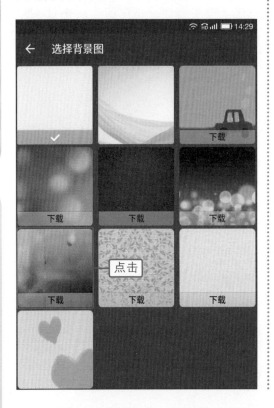

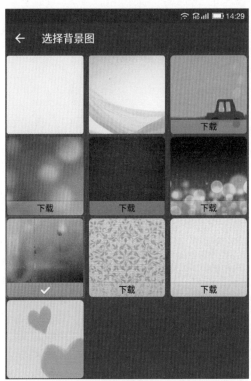

> **提示**
>
> 在步骤 03 中，微信为用户提供了 3 种更换聊天背景的方式，中老年朋友可以根据自己的实际情况选择"从相册中选择"或"拍一张"的方式。

2. 为单个朋友设置聊天背景

01 进入与好友聊天页面

打开"微信"，进入与好友聊天页面，点击该页面右上角的 👤 按钮，如右图所示。

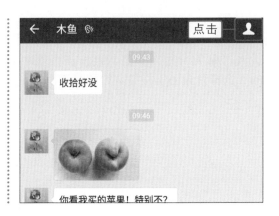

02　设置当前聊天背景

进入"聊天信息"页面，点击"设置当前聊天背景"按钮，如下图所示。

03　点击"从相册中选择"按钮

进入"聊天背景"页面，点击该页面中的"从相册中选择"按钮，如下图所示。

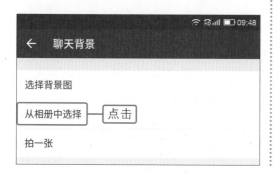

04　选择喜欢的图片

进入"图片"库，点击喜欢的图片，如下图所示。

📋 **提示**

在步骤 04 中，如果"图片"库中没有找到满意的图片，可以点击"拍摄照片"按钮，拍摄一张照片作为背景图片。

05 使用选择的图片

进入图片编辑页面，点击该页面右上角的"使用"按钮，如下图所示。

06 完成"聊天背景"的设置

系统自动返回与好友聊天页面，可看到该页面中的聊天背景更换为了上一步骤中选择的图片，如下图所示。

3.3 下载和管理表情

　　在使用微信与好友交流时，常会互发一些活跃气氛的表情图片。但是微信系统默认的表情较少，中老年朋友若要使用更多的表情，可到表情商店下载，具体操作如下。

01 点击"我"按钮

打开"微信"，点击"我"按钮，如右图所示。

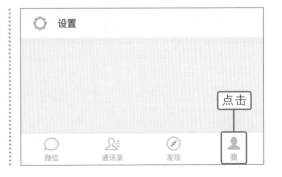

02 点击"表情"按钮

进入"我"页面后，点击表情按钮，如下图所示。

提示

表情商店中的表情有收费和免费两种，中老年朋友在下载表情时需要注意。

04 查看表情下载进度

此时下载按钮显示为下载进度条，中老年朋友可通过查看该进度条知晓表情下载进度，如下图所示。

03 下载喜欢的表情

进入"表情商店"页面，点击喜欢的表情包后面的"下载"按钮，如下图所示。

提示

在步骤 03 中，若在该页面中没有找到喜欢的表情，可点击"更多表情"选项卡，或点击右上角的 🔍 按钮进行搜索。

第3章

表情下载完成后，其后面的"下载"按钮更换为了"使用"按钮。点击"表情商店"页面右上角的⚙按钮，如下图所示。

进入"我的表情"页面，在该页面中可看到已下载的表情，中老年朋友若不喜欢该表情包，可点击该表情包后面的"移除"按钮，如下图所示。

3.4 隐私信息的设置

中老年朋友在使用微信结交好友时，可通过微信的隐私设置来防止个人信息泄露，既解决了被陌生人打扰的烦恼，又不会让别有用心者有机可乘。

打开"微信"，点击"我"按钮，点击该页面中的"设置"按钮，进入"设置"页面后点击"隐私"按钮，如右图所示。

微信的功能设置

02　设置照片对陌生人不可见

进入"隐私"页面，在该页面中可看到
"允许陌生人查看十张照片"按钮为开启
状态，点击该按钮，如下图所示。

03　点击"添加我的方式"按钮

可看到"允许陌生人查看十张照片"按
钮呈灰色，即关闭状态。点击"添加我
的方式"按钮，如下图所示。

04　更改"添加我的方式"

进入"添加我的方式"页面，在该页面中
可看到系统默认打开了所有添加方式。中
老年朋友若不想让其他人通过手机号搜索
到自己，可点击关闭"手机号"后面的按
钮，如右图所示。

05 关闭手机号添加方式

在该页面中可看到"手机号"后面的按
钮呈灰色，即关闭状态，如右图所示。

> **提示**
>
> 　　中老年朋友若想关闭其他的添加
> 方式，可在该页面中点击想要关闭的
> 方式后面的按钮，即可关闭对应方式。

3.5 功能的启用设置

　　在微信中，系统默认启用的功能仅仅是一部分，还有许多功能未启用，中老
年朋友可根据自己的需求启用或停用某一功能。本节以启用能够备份手机通讯录
的"通讯录同步助手"为例，具体操作如下。

01 点击"通用"按钮

打开"微信"，点击"我"按钮，点击该
页面中的"设置"按钮，进入"设置"页
面后点击"通用"按钮，如下图所示。

← 设置
新消息提醒
勿扰模式
聊天
隐私
通用 ——点击
帐号与安全
关于微信
帮助与反馈
退出

02 打开"功能"页面

进入"通用"页面，点击该页面中的"功
能"按钮，如下图所示。

← 通用	
开启横屏模式	
自动下载微信安装包	仅Wi-Fi网络
多语言	跟随系统
字体大小	
照片和视频	
功能 ——点击	
流量统计	
清理微信存储空间	

03　设置未启用的功能

进入"功能"页面，可看到系统默认启用的功能和未启用的功能，在未启用的功能中点击"通讯录同步助手"按钮，如下图所示。

04　启用"通讯录同步助手"

进入"功能设置"页面，可看到在"通讯录同步助手"下方显示"未启用"图标。点击"启用该功能"按钮，如下图所示。

05　设置定时备份提醒

此时可看到在"通讯录同步助手"下方显示了"已启用"图标，表示该功能已被启用。点击"定时提醒备份"后面的按钮，如下图所示。

06　返回"功能"页面

此时可看到"定时提醒备份"呈打开状态，点击"功能设置"页面左上角的返回按钮，如下图所示。

第3章

07 完成功能的启用

返回"功能"页面，在该页面中可看到
"通讯录同步助手"显示在了已启用的
功能下方。启用该功能后，微信会定时
提醒用户对手机通讯录进行备份，防止
手机丢失后无法找回手机通讯录，如右
图所示。

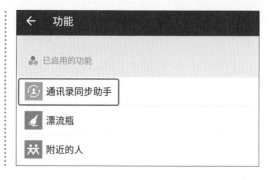

3.6　字体大小的设置

　　对于中老年朋友来说，字体的大小影响着阅读速度和交流体验，中老年朋友
在使用微信时，可根据自己的需求设置字体的大小，具体操作如下。

01 点击"设置"按钮

❶打开"微信"，点击"我"按钮。
❷点击"设置"按钮，如下图所示。

02 点击"通用"按钮

进入"设置"页面，点击该页面中的
"通用"按钮，如下图所示。

03 点击"字体大小"按钮

进入"通用"页面，点击该页面中的"字体大小"按钮，如下图所示。

04 调整字体大小

进入"字体大小"页面，在该页面中向右拖动"标准"下方的白色圆形滑块，如下图所示。

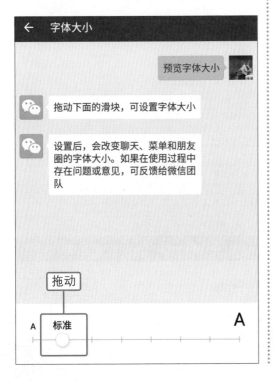

05 预览字体大小

此时可看到该页面中的字体随着白色圆形滑块向右拖动而变大，设置完毕后，点击"字体大小"页面左上角的返回按钮，如下图所示。

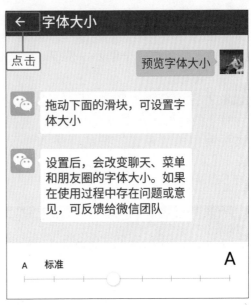

06 查看字体大小的变化

返回"通用"页面，可看到该页面中的字体变大了，如下图所示。

若要让字体变小，则向左拖动白色圆形滑块即可。

3.7 账号与安全的设置

随着微信各种新功能的推出，尤其是理财和绑定银行卡功能的推出，微信的安全性也逐渐引起人们的重视。开启"账号保护"不仅能排除一些安全隐患，也可为自己的财产安全增添一份保障。具体操作如下。

01 点击"账号与安全"按钮

打开"微信"，点击"我"按钮，点击该页面中的"设置"按钮，进入"设置"页面后点击"账号与安全"按钮，如下图所示。

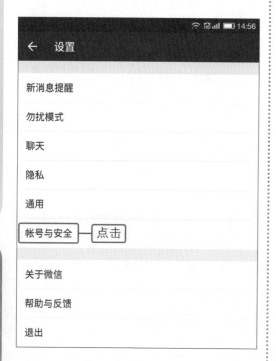

02 设置账号保护

进入"账号与安全"页面，在该页面中可看到"账号保护"后面显示"未保护"图标，点击"账号保护"按钮，如下图所示。

03 启用账号保护

进入"账号保护"页面，可看到该页面中"账号保护"后面的按钮呈灰色，即关闭状态，点击该按钮，如右图所示。

微信的功能设置

04 | 验证手机号码

弹出"打开安全设备验证"对话框,询问用户是否打开账户保护,点击该对话框中的"确定"按钮,如下图所示。

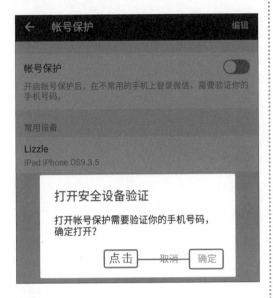

05 | 通过短信验证身份

进入"验证手机号"页面,在该页面中点击"通过短信验证身份"按钮,如下图所示。

06 | 查看短信验证码

打开收到的验证码短信,查看并记住短信中的6位验证码,如下图所示。

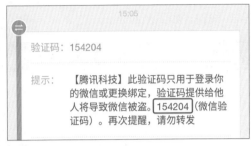

07 | 填写短信验证码

❶返回"微信",在"填写验证码"页面的文本框中输入验证码。❷点击该页面右上角的"下一步"按钮,如下图所示。

08 | 验证用户身份

系统提示正在对用户身份进行验证,如下图所示。

第
3
章

09 完成账号保护

系统自动返回"账号保护"页面，可看到该页面中"账号保护"后面的按钮呈绿色的开启状态。点击左上角的"返回"按钮，如下图所示。

10 查看账号保护状态

返回"账号与安全"页面，可看到"账号保护"按钮后面显示的"已保护"图标，如下图所示。

学习笔记

添加好友

要用微信与好友交流，就得先添加好友的微信账号。微信提供了多种添加好友的方式，然而好友数量增多后，常常会记不住账号对应的是哪一位好友，此时就需要为好友设置备注名。此外，还可以通过添加标签对好友进行分类管理。

4.1 输入微信号/QQ号/手机号搜索并添加好友

添加好友的方式有许多种，如输入微信号添加好友、输入 QQ 号添加好友、输入手机号添加好友等。本节以输入手机号添加好友的方式为例，进行详细说明。

01 点击"添加朋友"选项

❶打开"微信"，进入"微信"页面，点击该页面右上角的➕按钮。❷在展开的列表中点击"添加朋友"选项，如下图所示。

02 点击搜索框

进入"添加朋友"页面，点击页面中的搜索框，如下图所示。

03 搜索要添加好友的手机号

❶进入搜索页面，在搜索框中输入要添加好友的手机号。❷点击页面中的"搜索"按钮，如右图所示。

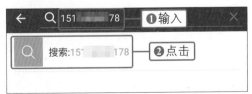

04 添加好友

进入好友的"详细资料"页面，点击页面中的"添加到通讯录"按钮，如下图所示。

05 发送好友验证申请

❶进入"验证申请"页面，在"你需要发送验证申请，等对方通过"下方的文本框中输入能表明身份的信息。❷点击"发送"按钮，如下图所示。待好友通过验证申请后，即可与好友进行交流。

💬 **提示**

搜索好友时可根据实际情况，将步骤03中的手机号换成微信号或QQ号。

4.2 添加手机通讯录中的联系人为好友

当要添加的好友已经存在于手机通讯录中时，可直接将手机通讯录中已有的联系人添加为好友，具体操作如下。

01 点击"手机联系人"

打开"微信"，进入"微信"页面，点击该页面右上角的➕按钮，在展开的列表中点击"添加朋友"选项；进入"添加朋友"页面，点击"手机联系人"按钮，如右图所示。

02 点击"添加手机联系人"按钮

在打开的页面中点击"添加手机联系人"按钮，如下图所示。

03 点击"添加"按钮

进入"查看手机通讯录"页面，点击页面中要添加的通讯录好友名称后面的"添加"按钮，如下图所示。

04 发送好友验证申请

❶进入"验证申请"页面，在"你需要发送验证申请，等对方通过"下方的文本框中输入能表明身份的信息。❷点击"发送"按钮，如下图所示。待好友通过验证申请后即可与好友进行交流。

4.3 扫描二维码添加好友

当中老年朋友与要添加的好友面对面时，也可以通过以上介绍的两种方法添加，但如果想要更加快速地完成好友的添加，可以通过"扫一扫"方式实现。此时好友需先按照 2.4 节的步骤 01 调出自己的二维码名片。

01 点击"添加朋友"选项

打开"微信"，进入"微信"页面，点击该页面右上角的 + 按钮，在展开的列表中点击"添加朋友"选项，如右图所示。

第 4 章

02 点击"扫一扫"按钮

进入"添加朋友"页面，点击页面中的"扫一扫"按钮，如下图所示。

03 扫描要添加好友的二维码

进入扫描"二维码/条码"页面，把要添加好友的二维码放置于扫描框内，系统会自动扫描并识别该二维码，如下图所示。

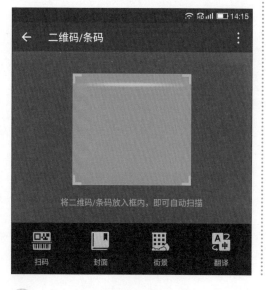

04 添加好友

扫描完成后，进入好友的"详细资料"页面，点击页面中的"添加到通讯录"按钮，如下图所示。

05 发送好友验证申请

❶进入"验证申请"页面，在"你需要发送验证申请，等对方通过"下方的文本框中输入能表明身份的信息。❷点击"发送"按钮，如下图所示。待好友通过验证申请后即可与好友进行交流。

若他人要通过扫描二维码的方式添加自己为好友，可根据前面内容进入个人信息页面，打开二维码进行添加。

4.4 通过雷达功能添加附近好友

当中老年朋友需要大量添加好友,并且与这些好友同处于一个区域范围内时,可以使用较为便捷的雷达功能添加附近朋友。雷达可以搜索附近的好友,只需要双方同时按下"雷达加朋友"按钮,通过声波搜索彼此的信号即可添加好友。

01 点击"雷达加朋友"按钮

打开"微信",进入"微信"页面,点击页面右上角的➕按钮,在展开的列表中点击"添加朋友"选项;进入"添加朋友"页面,点击"雷达加朋友"按钮,如下图所示。此步骤应是添加好友的各方同时操作。

03 点击"加为好友"按钮

弹出添加好友页面,点击页面中的"加为好友"按钮,如右图所示。

02 点击扫描到的好友头像

进入雷达扫描页面,点击页面中扫描到的好友头像,如下图所示。

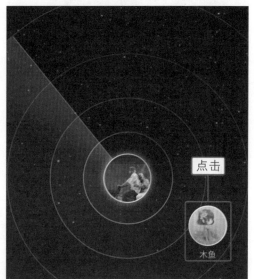

04 再次点击附近好友头像

系统自动返回雷达扫描页面，可看到刚添加好友的头像右下角显示了沙漏状的图标，再次点击该头像，如下图所示。

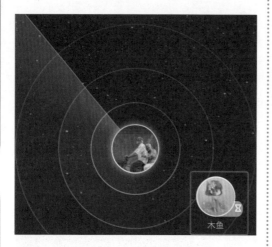

05 查看添加好友进度

弹出添加好友页面，可看到该页面中的"加为好友"按钮更换为了"好友请求已发送"，如下图所示。

06 完成附近好友的添加

返回雷达扫描页面，若看到刚添加好友的头像右下角显示了勾选状的图标，即表示该好友通过了你的好友验证申请，如右图所示。

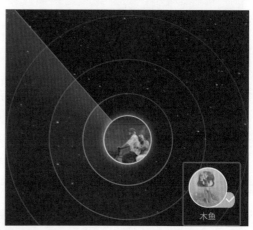

4.5 设置好友备注名及标签

在使用微信的过程中，中老年朋友会发现很少有好友使用真实姓名，大多使用的都是昵称，当好友更改昵称或微信头像后，就有可能分辨不出他们。因此，中老年朋友可为好友设置备注名和标签，从而方便自己快速、准确地辨别好友。

01 点击"通讯录"按钮

打开"微信"，点击"通讯录"按钮，如右图所示。

02　选择好友

点击要设置备注名和标签的好友，如下图所示。

03　点击"设置备注和标签"按钮

进入"详细资料"页面，点击页面中的"设置备注和标签"按钮，如下图所示。

04　设置备注信息

❶进入"备注信息"页面，在"备注名"下方的文本框中输入备注名。❷点击"添加标签对联系人进行分类"文本框，如下图所示。

05　添加标签

❶进入"添加标签"页面，在该页面中的文本框中输入标签名称。❷点击该页面右上角的"保存"按钮，如下图所示。

06　保存备注信息

系统自动返回"备注信息"页面，在该页面中可看到备注名和标签下方分别显示了上两步中输入的备注名和标签名。点击"完成"按钮，如下图所示。

第
4
章

07 查看设置的备注和标签

系统自动返回"详细资料"页面，可看到好友头像后面显示了设置的备注名，标签后面显示了设置的标签名，如右图所示。

学习笔记

与好友进行交流

在完成了微信的下载、注册和相关设置后，就可以使用微信与好友进行交流了。本章将详细介绍与好友互动的方式，如：与好友进行纯文字聊天、与好友进行实时通话、与多个好友同时聊天等。

5.1 与好友进行纯文字聊天

使用文字与好友聊天是使用微信时最常见的交流方式，中老年朋友可根据实际情况采用拼音输入法、手写输入法或五笔输入法等进行文字输入。本节以使用拼音输入法为例，详细讲解如何与好友进行纯文字聊天。

01 点击文本框

打开"微信"，点击好友头像，进入与好友聊天页面，点击该页面中的文本框，如下图所示。

02 输入并发送文字

❶弹出输入键盘，在文本框中使用拼音输入法输入文字。❷点击"发送"按钮，如下图所示。

03 查看纯文字聊天记录

待好友回复消息后，便可在好友聊天页面
看到文字聊天记录，如右图所示。

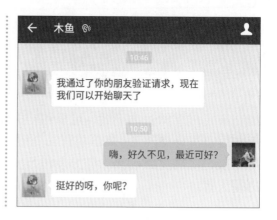

5.2 与好友进行语音输入聊天

当中老年朋友打字比较慢，而且觉得聊天写字很麻烦时，可以使用语音输入
的方式来进行交流。具体操作方法如下。

01 点击语音输入按钮

打开"微信"，点击好友头像，进入与
好友聊天页面，点击页面左下角的语音
输入按钮，如下图所示。

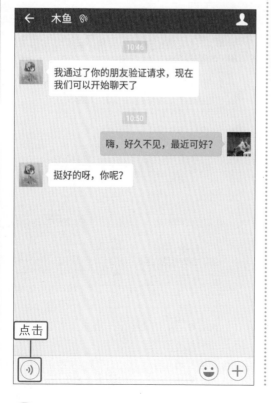

02 长按"按住说话"按钮

可看到文本框转换为了"按住 说话"按钮，
长按"按住说话"按钮，如下图所示。

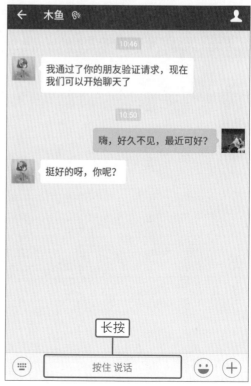

03 进行语音输入

弹出提示框，即可对着手机说话，如下图所示。

提示

步骤03中，若对正在录制的语音消息不满意，手指上滑即可取消发送。

04 发送语音消息

松开"按住 说话"按钮，语音消息会自动发送，如下图所示。当收到好友发来的语音消息时，点击该语音消息即可收听。

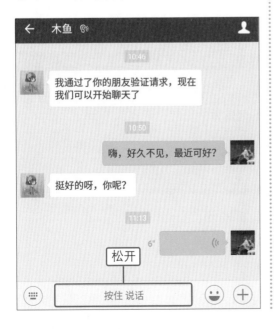

05 长按需撤回的语音消息

若想撤回已发出的语音消息，长按要撤回的语音消息，如下图所示。

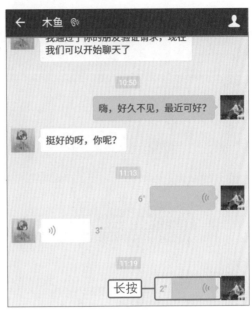

06 点击"撤回"命令

在弹出的菜单中点击"撤回"命令，如下图所示。

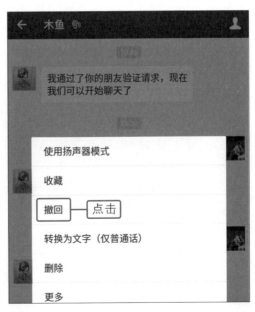

第 5 章

系统提示用户"正在撤回消息",如下图所示。

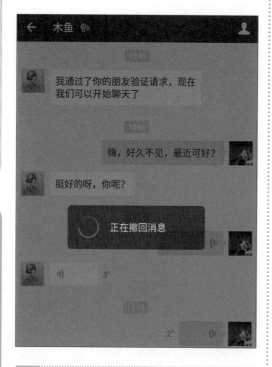

弹出提示框,提示用户可撤回2分钟内发送的消息,点击"确定"按钮,如下图所示。

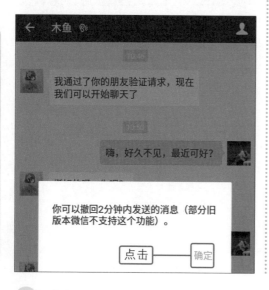

返回与好友聊天页面,可看到显示了"你撤回了一条消息",如下图所示。

提示

步骤08中的提示框只会在第一次撤回消息时显示。对文本消息也可用相同方法撤回。

与好友进行交流

5.3 与好友进行实时通话

　　实时通话包括视频聊天和语音聊天两种方式。与上两节介绍的聊天方式相比，实时通话更加直观、亲切。中老年朋友与好友实时通话，可以更及时地了解他们的情况。下面以语音聊天为例讲解具体操作。

01 点击带圈十字按钮

打开"微信"，点击好友头像，进入与好友聊天页面，点击该页面右下角的 ⊕ 按钮，如下图所示。

02 点击"视频聊天"按钮

在展开的面板中点击"视频聊天"按钮，如下图所示。

03 点击"语音聊天"命令

在弹出的菜单中点击"语音聊天"命令，如右图所示。

> 💡 **提示**
>
> 　　实时通话过程中传输的数据量较大，如果使用手机的移动网络进行实时通话，可能会花费较多费用，因此，建议尽量使用Wi-Fi网络进行实时通话。

弹出正在等待对方接受邀请的页面，在页面中可看到好友的头像和下方的"取消"等按钮，如下图所示。

好友接受邀请后，就可以开始通话，点击"挂断"按钮即可结束实时通话，如下图所示。

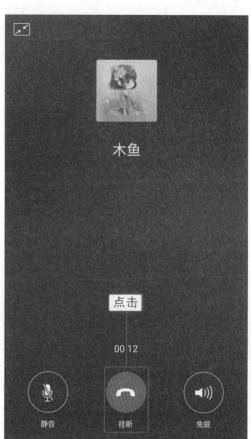

5.4 给好友发送图片和表情

　　优美的图片和有趣的表情能使人心情愉悦。与好友互动时，给好友发送一张优美的图片或一个有趣的表情，在活跃聊天氛围的同时，又能增进与好友之间的感情。

1. 给好友发送图片

01 点击带圈十字按钮

打开"微信"，点击好友头像，进入与好友聊天页面，点击该页面右下角的⊕按钮，如右图所示。

在展开的面板中点击"相册"按钮，如下图所示。

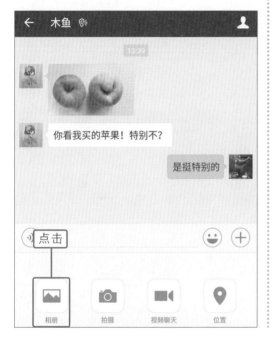

❶进入"图片和视频"页面，选中要发送的图片。❷点击"发送"按钮，如下图所示。

 提示

在步骤02中，也可在展开的面板中点击"拍摄"按钮，拍摄照片后发送给好友。

系统自动返回与好友聊天页面，在该页面中可看到上一步骤中发送的图片，如右图所示。

提示

一次最多可给好友发送9张图片。

第
5
章

2. 给好友发送表情

01 点击笑脸按钮

打开"微信"，进入与好友聊天页面，点击该页面右下角的笑脸按钮，如下图所示。

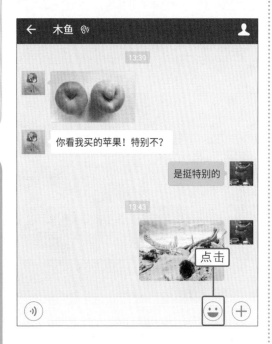

03 查看发送的表情

在与好友聊天页面中可看到上一步骤中发送的表情，如右图所示。

02 发送表情

❶展开表情库，点击要发送的表情。
❷点击"发送"按钮，如下图所示。

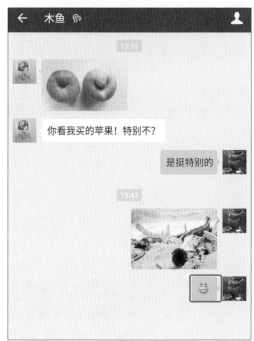

（📋）提示

　步骤02中使用的是系统默认的表情，中老年朋友还可以使用已经下载的表情。

与好友进行交流

5.5 创建群与多个好友同时聊天

若要与多个好友同时进行交流,可通过微信的群聊功能来实现,具体操作如下。

01 点击十字状按钮

打开"微信",进入"微信"页面,点击该页面右上角的 **+** 按钮,如下图所示。

02 点击"发起群聊"命令

在展开的列表中点击"发起群聊"命令,如下图所示。

03 创建聊天群

❶进入"发起群聊"页面,选择多个好友。❷点击"确定"按钮,如下图所示。

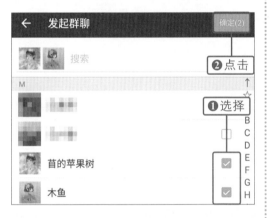

04 查看聊天群

自动进入群聊页面,可看到群聊人数和上一步骤选择的好友,如下图所示。

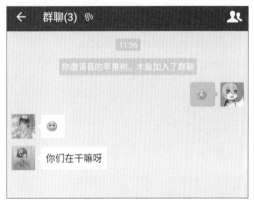

5.6 给好友发送红包和转账

"微信红包"改变了人们的社交习惯,在春节以外的时间也用红包来表达心意,在微信群里"抢红包"甚至成为风靡一时的活动。而"微信转账"功能则让好友之间通过手机就能轻松借款和还款,大大节约了经济往来的时间成本。

1. 给好友发送红包

01 点击带圈十字按钮

打开"微信",点击好友头像,进入与该好友的聊天页面,点击该页面右下角的 ⊕ 按钮,如右图所示。

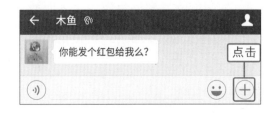

02 点击"红包"按钮

在展开的面板中点击"红包"按钮，如下图所示。

03 发送红包

❶进入"发红包"页面，在"单个金额"后的文本框中输入金额。❷点击"塞钱进红包"按钮，如下图所示。

提示

若对默认的留言不满意，可根据自己的需求在"留言"文本框中更改留言。

04 查看已发送的红包

系统自动返回与好友聊天页面，在该页面中可看到已发送的红包，如右图所示。

提示

红包的钱可来自与微信绑定的银行卡，也可来自微信"零钱"（新注册的微信账号没有零钱，需使用绑定的银行卡充值），相关操作的详细讲解见本书第7章。

2. 给好友转账

01 点击带圈十字按钮

打开"微信"，点击"微信"页面中的好友头像，进入与好友聊天页面，点击该页面右下角的⊕按钮。如下图所示。

02 点击"转账"按钮

在展开的面板中点击"转账"按钮，如下图所示。

03 给好友转账

❶进入"转账"页面，在"转账金额"下方的文本框中输入金额。❷点击"转账"按钮，如下图所示。

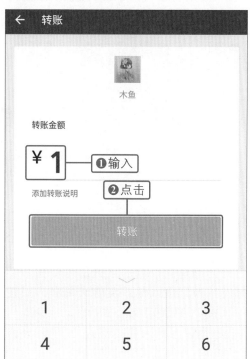

04 完成支付

进入"支付成功"页面，点击"完成"按钮，如下图所示。

第5章

05 查看转账

系统自动返回与好友聊天页面，在该页面中可看到给好友的转账，如右图所示。

> 📋 **提示**
>
> 如果转账金额较大或好友在微信上提出借钱，应通过打电话、微信实时通话（最好是视频方式）等方式联系好友进行核实，以免被骗。

5.7 接收好友发送的红包和转账

红包和转账发出后，如果接收方在 24 小时内不接收，钱款就会被撤回。所以，在好友发来红包或转账后，要及时进行接收，下面分别介绍具体操作方法。

1. 接收好友发送的红包

01 点击红包

打开"微信"，点击"微信"页面中的好友头像，进入与好友聊天页面，点击好友发来的红包，如下图所示。

02 打开红包

在弹出的面板中点击"开"按钮，如下图所示。

进入"红包详情"页面，可看到红包的金额，点击该页面左上角的"返回"按钮，如下图所示。

返回与好友聊天页面，在该页面中显示了领取红包的信息，如下图所示。

2. 接收好友的转账

打开"微信"，点击"微信"页面中的好友头像，进入与好友聊天页面，点击该页面中的"转账给你"聊天记录，如下图所示。

进入"交易详情"页面，确认金额后，点击"确认收款"按钮，如下图所示。

第
5
章

弹出"收到的钱将存入哪里"对话框，点击"确定"按钮，如下图所示。

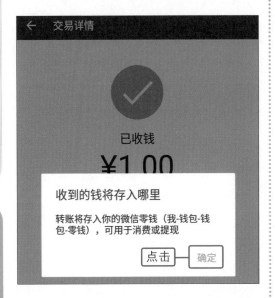

"收到的钱将存入哪里"对话框只会在第一次确认收款后显示。

05 查看收到的转账

返回与好友聊天页面，可看到"已收钱"聊天记录，如右图所示。

提示

好友24小时内未确认收款或好友将资金退回，资金将会原路退回。若使用零钱进行转账付款，资金实时退回付款方零钱；若使用银行卡进行转账付款，则资金在1～3个工作日退回付款方的银行卡。

04 点击返回按钮

返回"交易详情"页面，点击该页面左上角的"返回"按钮，如下图所示。

与好友进行交流

5.8 给好友发送自己所在的位置

在日常生活中，中老年朋友遇到找不到与好友约定好的地点时，可使用微信中的发送位置功能，一键发送自己的具体地理位置，以便与好友会合。

01 点击收到的消息

打开"微信"，进入"微信"页面，点击该页面中收到的好友消息，如下图所示。

02 点击带圈十字按钮

进入与好友聊天页面，点击该页面右下角的⊕按钮，如下图所示。

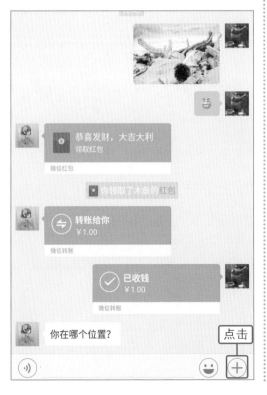

03 点击"位置"按钮

在展开的面板中点击"位置"按钮，如下图所示。

04 点击"发送位置"命令

在弹出的菜单中点击"发送位置"命令，如下图所示。

05 发送位置

进入"位置"页面，系统自动定位当前所在的位置，点击"发送"按钮，如下图所示。

06 查看已发送的位置

系统自动返回与好友聊天页面，在该页面中可看到已发送的位置信息记录，如下图所示。

与好友进行交流

学习笔记

在朋友圈中与好友互动

随着朋友圈逐渐成为微信用户手机社交的主阵地，刷朋友圈、围观好友生活俨然成为人们的一种习惯，也成为了日常生活中与朋友进行互动的一种方式。本章将详细介绍如何在朋友圈中与好友进行互动。

第6章

6.1　进入朋友圈了解朋友最近的动态

通过朋友圈了解朋友的动态，能够有效地帮助中老年朋友在与好友交流时打开话题。

01　点击"发现"按钮

打开"微信"，点击底部的"发现"按钮，如下图所示。

02　点击"朋友圈"按钮

进入新的页面，点击页面中的"朋友圈"按钮，如下图所示。

03　滑动浏览朋友圈

进入"朋友圈"页面，在页面中上下滑动，浏览朋友发表的动态，如下图所示。

> **提示**
>
> 下拉到顶后松开手指，"朋友圈"页面将会刷新当前内容。

当中老年朋友想要了解新添加的好友或某个好友最近的动态时，可以通过查看好友的个人相册来实现，具体操作如下。

01 点击"通讯录"按钮

打开"微信"，进入"微信"页面，点击底部的"通讯录"按钮，如下图所示。

02 选择要查看相册的好友

进入新的页面，点击页面中要查看相册的好友，如下图所示。

03 点击"个人相册"按钮

进入"详细资料"页面，在页面中点击"个人相册"按钮，如下图所示。

04 查看好友个人相册

进入好友的个人相册页面，可看到该好友的朋友圈动态，如下图所示。

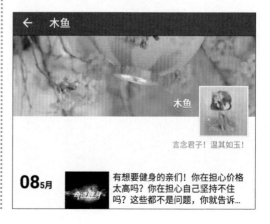

6.3 点赞并评论好友的动态

点赞或评论好友的动态是在朋友圈中与好友互动最有效的方式，中老年朋友使用此方式与好友进行互动，能够扩大社交范围，提高社交质量。具体操作如下。

01 点击"发现"按钮

打开"微信"，点击底部的"发现"按钮，如下图所示。

02 点击"朋友圈"按钮

进入新的页面，点击页面中的"朋友圈"按钮，如下图所示。

03 点击对话气泡按钮

进入"朋友圈"页面，点击朋友发表的某一条动态右下角的 按钮，如下图所示。

04 点击"赞"按钮

在展开的列表中点击"赞"按钮，如下图所示。

05 再次点击对话气泡按钮

可看到朋友动态下方显示了心形和自己的昵称，再次点击  按钮，如下图所示。

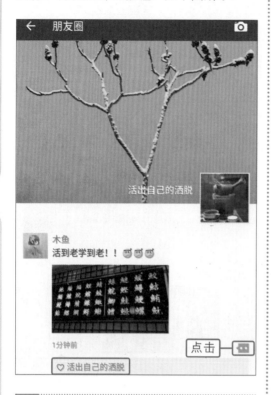

06 点击"评论"按钮

在展开的列表中点击"评论"按钮，如下图所示。

07 输入评论内容

❶在弹出的文本框中输入要评论的内容。
❷点击"发送"按钮，如下图所示。

08 查看评论

系统自动收起输入键盘，在朋友动态下方可看到自己的昵称和上一步骤发送的评论内容，如下图所示。

在朋友圈中与好友互动

6.4 在朋友圈中分享自己的动态

在微信朋友圈中分享自己的动态，是一种记录人生中美好时光的方式，中老年朋友可以在朋友圈中分享自己的动态来记录当下的所见所想，具体操作如下。

01 点击"朋友圈"按钮

❶打开"微信"，点击"发现"按钮。
❷点击"朋友圈"按钮，如下图所示。

02 点击相机形状按钮

进入"朋友圈"页面，点击页面右上角的相机形状按钮，如下图所示。

提示

若只发送纯文字动态，长按相机按钮即可。

03 点击"从相册选择"命令

在弹出的菜单中点击"从相册选择"命令，如下图所示。

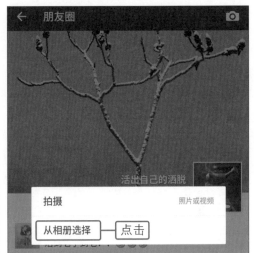

04 选择图片

❶进入"图片和视频"页面，点击需要分享的图片。❷点击"完成"按钮，如下图所示。

第
6
章

在步骤03中，也可点击"拍摄"命令，直接拍摄照片。

05 发表动态

❶进入编辑页面，在文本框中输入文字。
❷点击"发送"按钮，如下图所示。

06 查看发表的动态

系统自动返回"朋友圈"页面，在该页面中可看到上一步骤分享的文字和图片，如下图所示。

在朋友圈中与好友互动

微信在日常生活中的应用

微信虽然是一个主要用于与朋友交流的平台，但是，在实际生活中，微信还有很多其他功能，如话费充值、生活缴费、网上打车、订酒店、订火车票和机票等。本章将详细介绍微信在日常生活中的应用。

7.1 绑定银行卡

在微信中绑定银行卡，能够方便中老年朋友对微信钱包进行充值、提现等，具体的操作步骤如下。

01 点击"我"按钮

打开"微信"，点击页面右下角的"我"按钮，如下图所示。

02 点击"钱包"按钮

进入新的页面，点击页面中的"钱包"按钮，如下图所示。

03　点击"银行卡"按钮

进入"我的钱包"页面，点击页面中的"银行卡"按钮，如下图所示。

04　点击"添加银行卡"按钮

进入"银行卡"页面，点击页面中的"添加银行卡"按钮，如下图所示。

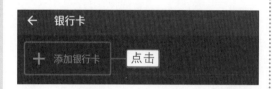

05　输入卡号

❶进入"添加银行卡"页面，在"卡号"文本框中输入银行卡卡号。❷点击"下一步"按钮，如下图所示。

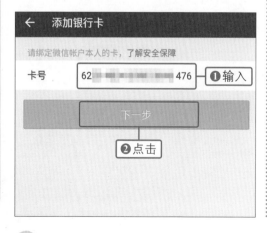

06　填写银行卡信息

❶进入"填写银行卡信息"页面，在页面中输入姓名、证件类型、证件号和手机号。❷点击"下一步"按钮，如下图所示。

07　查看短信验证码

此时手机会收到含有验证码的短信，记住收到的6位验证码，如下图所示。

❶返回"微信",进入"验证手机号"页面,在"验证码"文本框中输入验证码。❷点击"下一步"按钮,如下图所示。

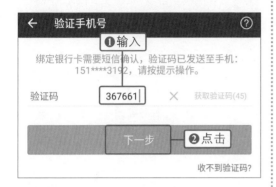

系统自动进入"设置支付密码"页面,在页面中输入要设置的6位支付密码,如下图所示。

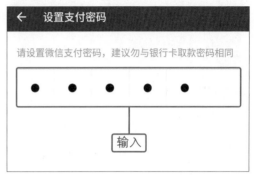

❶在页面中再次输入相同的6位支付密码。❷点击"完成"按钮,如下图所示。

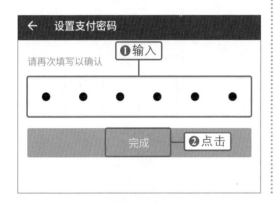

进入"银行卡"页面,可看到新添加的银行卡,如下图所示。

7.2 零钱的充值与提现

在微信中收到的红包、转账都会自动存入零钱中,中老年朋友可以将零钱提现至银行卡,也可进行零钱充值用于发红包、转账及支付其他费用等。

1. 零钱的充值

打开"微信",点击页面右下角的"我"按钮,如右图所示。

02 点击"钱包"按钮

在打开的页面中点击"钱包"按钮，如下图所示。

03 点击"零钱"按钮

进入"我的钱包"页面，在页面中的"零钱"按钮下方可看到当前余额为"￥0.00"，点击该按钮，如下图所示。

04 点击"充值"按钮

进入"零钱"页面，点击页面中的"充值"按钮，如下图所示。

05 充值零钱

❶进入"零钱充值"页面，在"金额"后方的文本框中输入充值金额。❷点击"下一步"按钮，如下图所示。

06　输入支付密码

弹出"请输入支付密码"对话框，在该对话框中输入7.1节中设置的6位支付密码，如下图所示。

07　点击"完成"按钮

系统自动跳转至"充值详情"页面，点击页面中的"完成"按钮，即可完成零钱的充值，如下图所示。

2. 零钱的提现

01　点击"提现"按钮

打开"微信"，进入"零钱"页面，点击页面中的"提现"按钮，如下图所示。

02　输入提现金额

❶进入"零钱提现"页面，在"提现金额"下方的文本框中输入提现金额。❷点击"提现"按钮，如下图所示。

03 输入支付密码

弹出"请输入支付密码"对话框,在该对话框中输入6位的支付密码,如下图所示。

04 点击"完成"按钮

系统自动跳转至"提现详情"页面,点击页面中的"完成"按钮,如下图所示。

提示

　　每位微信用户拥有 1000 元免费提现额度,超出部分按银行费率收费,费率为 0.1%,每笔最少收 0.1 元。

7.3 使用微信付款

　　在日常生活中,中老年朋友若遇到需要付款又没带现金的情况,可以使用微信进行支付,而要使用微信支付,首先需要开启支付功能。

1. 他人扫描我的付款二维码

01 点击"我"按钮

打开"微信",点击"我"按钮,如右图所示。

02 点击"钱包"按钮

点击"钱包"按钮，如下图所示。

03 点击"收付款"按钮

进入"我的钱包"页面，点击页面中的"收付款"按钮，如下图所示。

04 点击"立即开启"按钮

进入"收付款"页面，可看到提示用户未开启付款功能的信息，点击"立即开启"按钮，如下图所示。

📋 提示

这一步骤只在首次使用收付款功能时显示。

05 输入支付密码

进入"开启付款"页面，在页面中输入7.1节中设置的6位支付密码，如下图所示。

06 查看付款二维码

系统自动返回"收付款"页面，在页面中可查看付款二维码，如下图所示。将此二维码出示给商家扫描即可付款。

2. 我扫描他人的收款二维码

01 点击十字状按钮

打开"微信"，点击页面右上角的+按钮，如下图所示。

02 点击"扫一扫"选项

在展开的列表中点击"扫一扫"选项，如下图所示。

03 扫描收款二维码

进入"二维码/条码"页面，把他人出示的收款二维码放置于扫描框内，系统将自动进行扫描和识别，如下图所示。

04 转账给收款方

❶识别后自动进入"转账"页面，在"转账金额"下方的文本框中输入金额。❷点击"转账"按钮，如下图所示。

05 点击"立即支付"按钮

进入"确认交易"页面，点击页面中的"立即支付"按钮，如下图所示。

06 输入支付密码

弹出"请输入支付密码"对话框，在该对话框中输入6位的支付密码，如下图所示。

07 点击"完成"按钮

进入支付成功页面，点击页面中的"完成"按钮，如下图所示。

08 查看微信支付凭证

进入"服务通知"页面，在该页面中可查看微信支付凭证，如下图所示。

第 7 章

7.4 使用微信充值话费

随着微信的普及，它已不仅仅是一款聊天工具，还提供了一些便民服务，如充值话费等。

01 点击"我"按钮

打开"微信"，点击"我"按钮，如下图所示。

02 点击"钱包"按钮

进入新的页面，点击页面中的"钱包"按钮，如下图所示。

03 点击"手机充值"按钮

进入"我的钱包"页面，点击页面中的"手机充值"按钮，如下图所示。

04 进行手机充值

❶进入"手机充值"页面，在文本框中输入要充值的手机号码。❷点击金额，如"30元"按钮，如下图所示。

05 输入支付密码

弹出"请输入支付密码"对话框,在该对话框中输入6位支付密码,如下图所示。

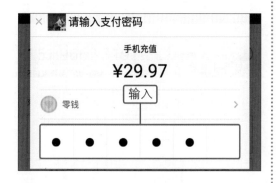

06 点击"完成"按钮

系统自动进入支付成功页面,点击页面中的"完成"按钮,如下图所示。

07 查看充值成功通知

进入"服务通知"页面,在该页面中可查看手机充值详情,如下图所示。

7.5 使用微信进行生活缴费

微信中的生活缴费功能能让你彻底告别到水、电、燃气营业厅排队交费的麻烦。中老年朋友只需使用微信中的生活缴费功能,即可随时随地轻松缴纳水、电、燃气等生活相关业务费用。

01 点击"生活缴费"按钮

打开"微信",点击"我"按钮,进入新的页面,点击页面中的"钱包"按钮,进入"我的钱包"页面,点击页面中的"生活缴费"按钮,如右图所示。

02 点击"燃气费"按钮

进入"生活缴费"页面，点击页面中的"燃气费"按钮，如下图所示。

提示

在步骤 02 中，中老年朋友可根据实际情况点击"水费""电费"等。

04 缴纳燃气费

进入新的页面，可看到拥有该卡的用户姓名、当前欠费金额等。❶在"金额"后方的文本框中输入金额。❷点击"立即缴费"按钮，如右图所示。

提示

每次缴费金额需大于等于0.01元。

03 查询燃气费

❶在燃气费下方的选择框中选择正确的燃气公司。❷在燃气公司下方的文本框中输入燃气卡卡号。❸点击"查询"按钮，如下图所示。

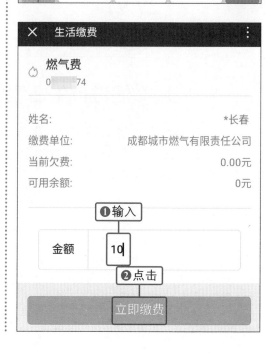

05 输入支付密码

弹出"请输入支付密码"对话框，在该对话框中输入6位支付密码，如下图所示。

06 点击"返回商家"按钮

系统自动进入支付成功页面，点击页面中的"返回商家"按钮，如下图所示。

07 点击"完成"按钮

系统自动返回"生活缴费"页面，点击页面中的"完成"按钮，如下图所示。

08 查看缴费结果通知

进入"服务通知"页面，在该页面中可查看缴费结果通知，如下图所示。

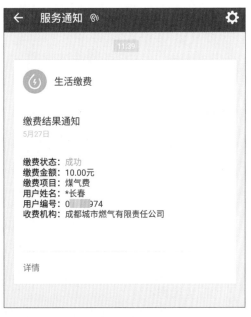

7.6 使用微信打车

　　网络打车服务让我们能随时随地发布出行需求，实现快速打车。微信中就集成了滴滴出行服务，中老年朋友可以使用它方便地打车，具体操作如下。

01 点击"钱包"按钮

❶打开"微信"，点击"我"按钮，❷点击"钱包"按钮，如下图所示。

02 点击"滴滴出行"按钮

进入"我的钱包"页面，点击页面中"第三方服务"下方的"滴滴出行"按钮，如下图所示。

03 点击"您在哪上车"按钮

进入"滴滴出行"页面，点击页面中的"您在哪上车"按钮，如右图所示。

提示

　　进入"滴滴出行"页面时，页面上方的打车类别默认为"快车"，中老年朋友可根据自己的需求点击选择其他打车类别。

04 选择上车位置

❶进入新的页面，在页面中的文本框中输入上车地点。❷在文本框下方弹出的多个与输入地址相关的地址中点击确切的上车地址，如下图所示。

06 选择到达位置

❶进入新的页面，在页面的文本框中输入到达地点。❷在文本框下方弹出的多个与输入地址相关的地址中点击确切的到达地址，如右图所示。

05 点击"您要去哪儿"按钮

系统自动返回呼叫快车页面，在页面中点击"您要去哪儿"按钮，如下图所示。

07 呼叫快车

❶系统自动返回呼叫快车页面，点击"不拼车"按钮。❷点击"呼叫快车"按钮，如下图所示。

提示

在步骤 07 中，中老年朋友可根据自己的需求选择"拼车"或"不拼车"。

08 等待司机应答

进入"等待应答"页面，在页面中可看到已等待的时间，如下图所示。

09 查看服务信息

一旦有司机接受了订单便会进入"等待服务"页面，在页面中可看到司机的头像、车牌号、车型、地图位置等信息，如下图所示。

提示

一般情况下，司机会主动打电话询问你所处的位置及其他情况，以便顺利会合。

10 支付车费

行程结束后，系统自动跳转到"支付"页面，点击页面中的"确认支付9.00元"按钮，如下图所示。

11 点击"支付并开通"按钮

进入"确认支付"页面，点击页面中的"支付并开通"按钮，如下图所示。

📋 提示

　　在步骤10中，支付金额会随着实际里程和行车时间而变化。

12 输入支付密码

弹出"请输入支付密码"对话框，在该对话框中输入7.1节中设置的6位支付密码，如下图所示。

13 点击"返回商家"按钮

进入支付成功页面，点击页面中的"返回商家"按钮，如下图所示。

14 点击星星图标

进入"评价"页面，点击页面中的星星图标给司机评级，如下图所示。

15 提交评价

❶点击"夸夸司机吧"下方的评语。❷点击"匿名提交"按钮，如下图所示。

16 完成评价

点击页面中的"返回首页"按钮即可完成评价，如下图所示。

提示

中老年朋友可根据对行程的满意度点击不同数量的星星图标。若没有合适的评语，中老年朋友可在评语下方的文本框中输入评语。若觉得评价太麻烦，也可以不评价。

第8章

智能手机是微信这个社交软件的载体，而微信软件每天都在不断产生大量信息，占据手机的内存空间。当手机内存空间不足时，会影响到微信软件的使用。中老年朋友可以通过管理微信信息来解决这个问题。本章将详细介绍管理微信信息的各种方式。

8.1 删除好友

随着使用微信的时间越来越长，通讯录中会有一些好友更换了微信账号。因此，在整理通讯录时，可以删除这些好友不再使用的微信账号，具体操作如下。

01 点击"通讯录"按钮

打开"微信"，点击页面中的"通讯录"按钮，如下图所示。

02 选择要删除的好友

进入新的页面，点击页面中要删除的好友，如下图所示。

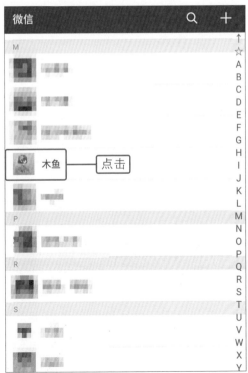

03 点击竖排三点按钮

进入"详细资料"页面，点击页面右上角的 按钮，如下图所示。

05 确认删除好友

弹出"删除联系人"对话框，点击对话框右下角的"删除"按钮即可删除好友，如右图所示。

04 点击"删除"命令

在弹出的菜单中点击"删除"命令，如下图所示。

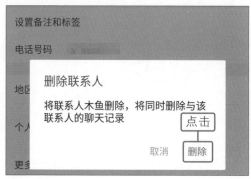

8.2 转发微信消息

在使用微信的过程中，中老年朋友如果想要将朋友发来的消息分享给其他好友，可使用微信中的转发消息功能。本节将以转发图片文字消息给好友为例，介绍具体的操作方法。

打开"微信",点击页面中的好友头像,进入与好友聊天页面,在该页面中长按要转发的消息,如下图所示。

在弹出的菜单中点击"发送给朋友"命令,如下图所示。

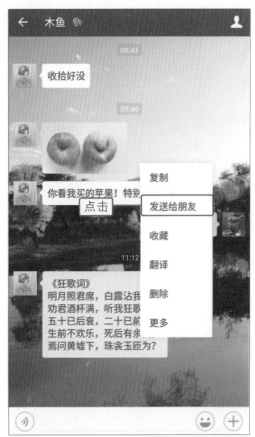

第8章

提示

该功能不支持转发语音、动画表情、个人名片、游戏、支付消息、卡券等。

进入"选择"页面,点击页面中要发送消息的好友,如右图所示。

提示

若页面中没有要发送消息的好友,可在"搜索"文本框中输入好友的昵称,然后点击搜索出的好友即可。

若要同时转发消息给多个好友，可点击右上角的"多选"按钮后再选择好友。

04 转发消息给好友

❶弹出"发送给："对话框，在对话框的文本框中输入留言。❷点击"发送"按钮，如右图所示。

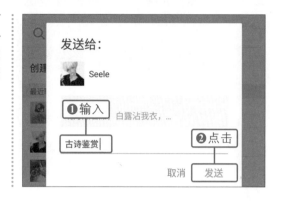

8.3 保存好友发送的图片

中老年朋友若觉得好友发来的图片有趣或优美，可将其保存在手机中，具体操作如下。

01 点击好友

打开"微信"，点击页面中的好友，如下图所示。

02 点击收到的图片

进入与好友聊天页面，点击页面中收到的图片，如下图所示。

管理微信信息

03 点击保存按钮

进入图片详情页面，点击页面右下角的保存按钮，如下图所示。

04 完成图片的保存

此时系统提示用户图片已经保存及保存的位置，如下图所示。

8.4 删除自己发表过的动态

当中老年朋友对自己发表过的某条或数条动态感到不满意时，可将其删除，具体操作如下。

01 点击"相册"按钮

打开"微信"，点击"我"按钮，进入新的页面，点击页面中的"相册"按钮，如右图所示。

02 点击要删除的动态

进入"我的相册"页面，点击页面中要删除的动态，如下图所示。

03 点击竖排三点按钮

进入动态详情页面，点击右上角的▮按钮，如下图所示。

04 点击"删除"命令

在弹出的菜单中点击"删除"命令，如下图所示。

05 确认删除动态

弹出提示框，询问用户是否确定删除这张照片，点击"确定"按钮，如下图所示。

系统自动返回"我的相册"页面，在该页面中可看到上一步骤中的动态已经删除，如右图所示。

> **提示**
>
> 　删除朋友圈动态会将好友评论与点赞一同删除。

8.5　删除与某个好友的聊天记录

　　在使用微信的过程中，聊天记录容易泄露个人隐私信息。中老年朋友可在与好友聊天后删除聊天记录，养成删除聊天记录的习惯能够有效避免个人隐私信息的泄露。

01　点击好友

打开"微信"，在页面中点击要删除聊天记录的好友，如下图所示。

02　点击人形按钮

进入与好友聊天页面，点击右上角的👤按钮，如下图所示。

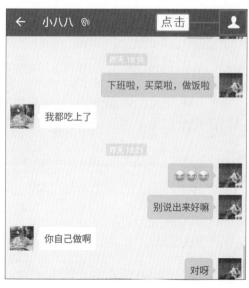

进入"聊天信息"页面，点击页面中的"清空聊天记录"按钮，如下图所示。

弹出提示框，询问是否清空聊天记录，点击"清空"按钮，如下图所示。

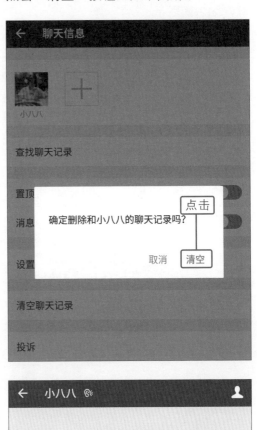

05 查看是否清空聊天记录

返回与好友聊天页面，可看到该页面中所有的聊天记录都已经清空了，如右图所示。

8.6 清空微信的全部聊天记录

　　长时间使用微信聊天，消息列表中的聊天记录越积越多，会影响手机运行速度，及时清空全部微信聊天记录，可以保持手机运行流畅。具体操作如下。

01 点击"我"按钮

打开"微信"，点击页面中的"我"按钮，如右图所示。

进入"我"页面,点击页面中的"设置"按钮,如下图所示。

进入"设置"页面,点击页面中的"聊天"按钮,如下图所示。

进入"聊天"页面,点击页面中的"清空聊天记录"按钮,如右图所示。

提示

聊天记录被清空后将无法恢复,因此,执行清空聊天记录的操作要十分谨慎。如果聊天记录中有重要的文字或图片,在清空之前就需要复制出来并保存在其他地方作为备份。

第8章

弹出提示框，提示用户"将清空所有个人和群的聊天记录"，点击"清空"按钮，如下图所示。

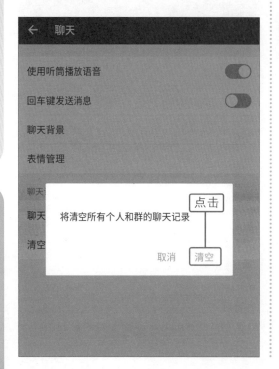

返回"微信"页面，可看到该页面中已无任何消息，如下图所示。

管理微信信息

玩转微信公众号

第9章

微信公众号是个人或团体在微信公众平台上开设的面向公众的账号。通过公众号，个人或团体可在微信平台上实现和特定群体的全方位沟通和互动。本章以订阅号为例，详细介绍如何关注公众号，收藏、分享公众号文章及推荐公众号给好友等功能。

9.1 关注自己感兴趣的公众号

公众号的功能是向订阅者传播一些信息，类似报纸、电视等。中老年朋友可以关注自己感兴趣的公众号，以获取该公众号推送的相关资讯。

01 点击十字形状按钮

打开"微信"，进入"微信"页面，点击页面右上角的 + 按钮，如下图所示。

02 点击"添加朋友"选项

在展开的列表中点击"添加朋友"选项，如下图所示。

03 点击"公众号"按钮

进入"添加朋友"页面，点击页面中的"公众号"按钮，如下图所示。

04 搜索公众号

❶进入搜索页面，在搜索文本框中输入公众号名称。❷点击输入键盘上的"搜索"按钮，如下图所示。

> **提示**
>
> 在步骤 **04** 中，不同的手机输入法的"搜索"按钮不同，中老年朋友可根据实际情况操作。

05 点击要关注的公众号

展开搜索结果页面，在页面中点击要关注的公众号，如下图所示。

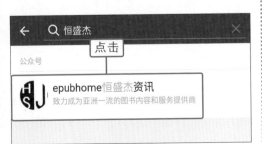

06 点击"关注"按钮

进入"详细资料"页面，点击页面中的"关注"按钮，如下图所示。

07 添加公众号

系统提示用户正在添加该公众号，如下图所示。

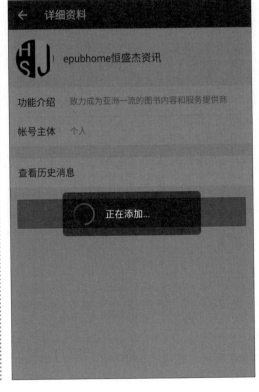

玩转微信公众号

08 查看添加的公众号情况

添加完成后，系统自动跳转至与公众号对话的页面，并显示被关注自动回复，如右图所示。

> **提示**
>
> 在微信聊天页面中点击"订阅号"，进入"订阅号"页面，可看到关注的所有公众号推送的消息。若想取消对某个公众号的关注，长按该公众号，在弹出的菜单中点击"取消关注"命令即可。

9.2 收藏感兴趣的公众号文章

当中老年朋友在公众号中看到了有趣或实用的文章，想要以后能够随时查看浏览时，可以将这些文章进行收藏，具体操作如下。

01 点击"通讯录"按钮

打开"微信"，点击页面中的"通讯录"按钮，如下图所示。

02 点击"公众号"按钮

进入新的页面，点击页面中的"公众号"按钮，如下图所示。

03 点击要进入的公众号

进入"公众号"页面，点击页面中要进入的公众号，如下图所示。

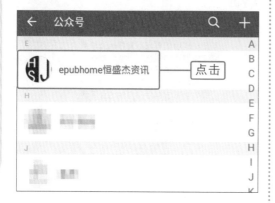

04 点击感兴趣的文章

进入与公众号对话的页面，点击页面中感兴趣的文章，如下图所示。

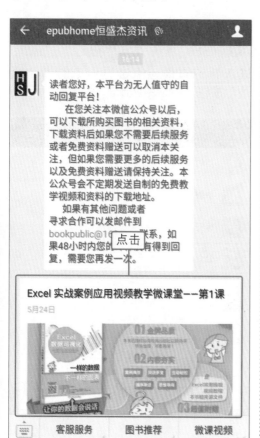

05 点击竖排三点按钮

进入文章详情页面，点击右上角的█按钮，如下图所示。

06 点击"收藏"按钮

在弹出的面板中点击"收藏"按钮，如下图所示。

玩转微信公众号

07 查看收藏状态

返回文章详情页面，可看到在页面最下方显示了已收藏该文章，如右图所示。要查看收藏的内容时，打开"微信"，点击"我"按钮，再点击"收藏"按钮即可。

Lesson2 如何制作公司考勤表

9.3 分享公众号文章给好友

当中老年朋友看到好的微信公众号文章，想要让某个好友也了解时，可直接将其分享给好友，具体操作如下。

01 点击要分享的文章

打开"微信"，进入与公众号对话的页面，点击要分享的文章，如下图所示。

02 点击竖排三点按钮

进入文章详情页面，点击右上角的 ⋮ 按钮，如下图所示。

03 点击"发送给朋友"按钮

在弹出的面板中点击"发送给朋友"按钮，如下图所示。

04 点击好友

❶进入"选择"页面，在页面的文本框中输入要分享的好友昵称。❷点击联系人下方搜索出的好友，如下图所示。

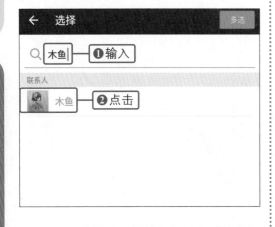

提示

　　若要分享给多个好友，可点击"多选"按钮后再选择好友。

05 分享文章给好友

❶弹出"发送给："对话框，在对话框的文本框中输入留言。❷点击"发送"按钮，如下图所示。

06 查看是否分享成功

进入与好友聊天页面，可看到上一步骤中分享的文章和留言，如下图所示。

中老年朋友除了可以将在公众号中看到的实用或有趣的文章分享给单个或多个好友外，还可以将文章分享到朋友圈中，具体操作如下。

01 点击要分享的文章

打开"微信"，进入与公众号对话的页面，点击要分享的文章，如下图所示。

02 点击竖排三点按钮

进入文章详情页面，点击右上角的█按钮，如下图所示。

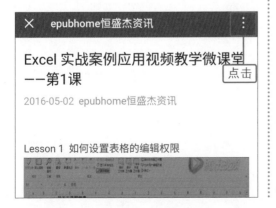

03 点击"分享到朋友圈"按钮

在弹出的面板中点击"分享到朋友圈"按钮，如下图所示。

04 发送到朋友圈

❶进入编辑状态页面，在文本框中输入文字。❷点击"发送"按钮，如下图所示。

05 查看分享的文章

进入"朋友圈"页面，可看到页面中显示了上一步骤中分享的文章，如右图所示。

9.5 推荐公众号给好友

当中老年朋友发现好玩、有用的微信公众号时，可以将该公众号推荐给好友，具体的操作如下。

01 点击人形按钮

打开"微信"，进入与公众号对话的页面，点击右上角的 按钮，如下图所示。

02 点击竖排三点按钮

进入公众号详情页面，点击页面右上角的 按钮，如下图所示。

03 点击"推荐给朋友"命令

在弹出的菜单中点击"推荐给朋友"命令，如下图所示。

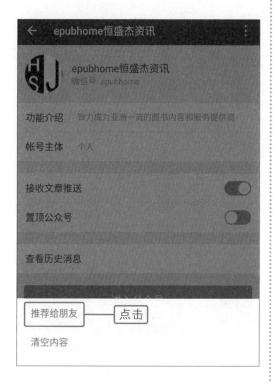

04 发送公众号名片

❶弹出"发送给："对话框，在对话框中的文本框中输入文字。❷点击"发送"按钮，如下图所示。

05 查看是否分享成功

进入与好友聊天页面，可看到页面中显示了上一步骤中分享的公众号名片和留言，如右图所示。好友点击名片消息将进入公众号的"详细资料"页面，点击页面中的"关注"按钮即可关注该公众号。

第10章 在电脑上使用微信

中老年朋友在某些时候有可能不方便使用手机登录微信，或者不想一边电脑上网一边关注手机微信，此时可以使用电脑版微信跟好友交流。电脑版微信分为微信网页版和 Windows 版微信两种，本章将详细介绍如何使用这两种版本的微信，以及通过微信在电脑与手机间互传资料。

10.1 使用微信网页版

微信网页版是在电脑上使用微信的方法之一，对于中老年朋友来说，微信网页版相较于手机微信更为简单。若中老年朋友不习惯手机微信，也可使用微信网页版，具体操作如下。

01 打开浏览器

❶单击电脑桌面左下角的"开始"按钮。❷在弹出的列表中单击"Microsoft Edge"浏览器，如右图所示。

> **提示**
>
> 中老年朋友也可以使用其他浏览器，如 IE 浏览器、Chrome 浏览器等。

02 搜索"微信"

在浏览器中打开自己常用的搜索引擎，如百度。❶在搜索引擎的搜索文本框中输入"微信"。❷单击页面中的"百度一下"按钮，如下图所示。

03 单击"微信网页版"链接

在弹出的搜索结果页面中单击"微信网页版"链接，如下图所示。

04 扫描"二维码"登录微信

打开手机微信，使用"扫一扫"功能进入"二维码/条码"页面，将扫描框对准网页中弹出的二维码进行扫描，如下图所示。

使用手机微信扫码登录

网页版微信需要配合手机使用

05 确认登录"微信"

网页中弹出"扫描成功"面板，如下图所示。在手机微信上点击"登录"按钮。

扫描成功

请在手机上点击确认以登录

切换帐号

06 单击好友

成功登录网页版微信，在页面中单击要聊天的好友，如下图所示。

07 给好友发送消息

❶在聊天窗口的文本框中输入要发送的内容。❷单击"发送"按钮，如下图所示。

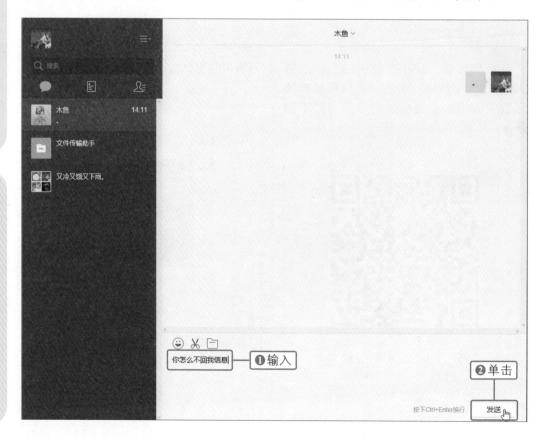

上一步骤中发送的消息会显示在聊天窗口中，当好友回复时，回复的消息也会显示在聊天窗口中，如下图所示。

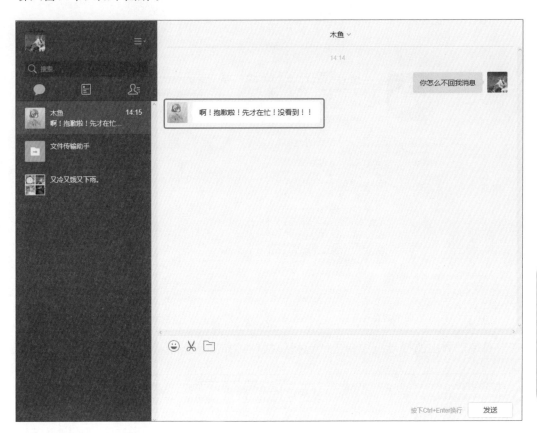

10.2 下载和安装Windows版微信

　　Windows 版微信是微信网页版的升级，它新增了自己与自己对话的功能，意味着用户可以在电脑与手机之间传输文件。本节将详细介绍如何下载和安装 Windows 版微信，具体操作如下。

01 搜索并下载Windows版微信

❶在浏览器中打开自己常用的搜索引擎，如"百度"，搜索"微信"。❷在搜索结果页面中单击"立即下载"按钮，如下图所示。

02　单击"运行"按钮

在窗口底部弹出的提示框中单击"运行"按钮，如下图所示。

03　再次单击"运行"按钮

窗口底部弹出提示框，提示安装包下载完成，单击"运行"按钮，如下图所示。

04　单击"安装微信"按钮

弹出微信安装窗口，单击窗口中的"安装微信"按钮，如右图所示。

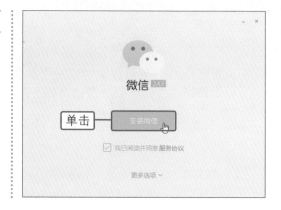

05　查看安装进度

安装窗口中显示了当前安装的进度，如下图所示。

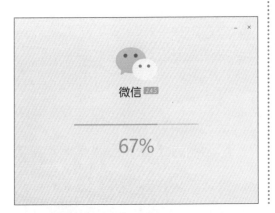

06　完成微信的安装

"微信"安装完成后，单击窗口中的"开始使用"按钮，如下图所示，即可使用Windows版微信。

10.3　通过微信在电脑与手机间互传资料

　　手机和电脑之间一般通过数据线来共享文件，若中老年朋友遇到没有手机数据线的情况时，可以通过微信的文件传输助手来实现手机和电脑之间的文件共享。特别是在手机中拍摄了大量照片，占用了太多存储空间，需要把照片转移到电脑上备份的情况。

01　点击"文件传输助手"按钮

打开手机微信，扫描登录电脑版微信后，点击手机微信中的"文件传输助手"按钮，如下图所示。

02　点击带圈十字按钮

进入"文件传输助手"页面，点击该页面中右下角的⊕按钮，如下图所示。

03 点击"相册"按钮

在展开的面板中点击"相册"按钮，如下图所示。

04 发送图片

❶进入"图片和视频"页面，点击要发送的图片。❷点击页面右上角的"发送"按钮，如下图所示。

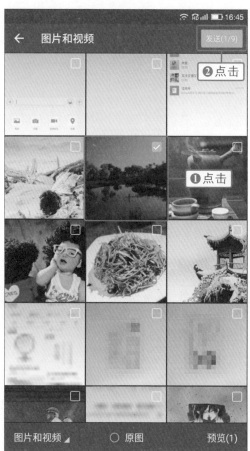

提示

在步骤04中，一次最多可发送9张图片。

---

05 查看收到的图片

❶在电脑的Windows版微信中单击"文件传输助手"按钮。❷右击收到的图片，如下图所示。

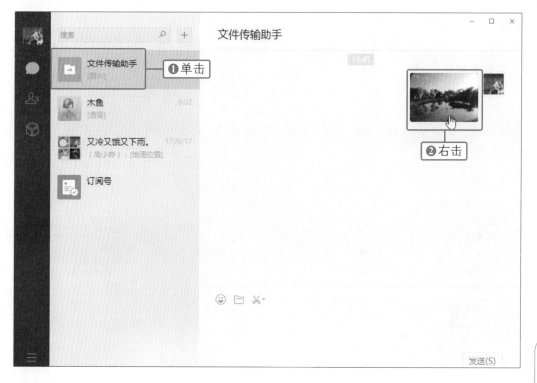

06 单击"另存为"命令

在展开的列表中单击"另存为"命令，如下图所示。

07 保存收到的图片

❶弹出"另存为"对话框，在地址栏中选择图片的储存位置。❷在"文件名"文本框中输入图片名称。❸单击"保存"按钮，如下图所示。

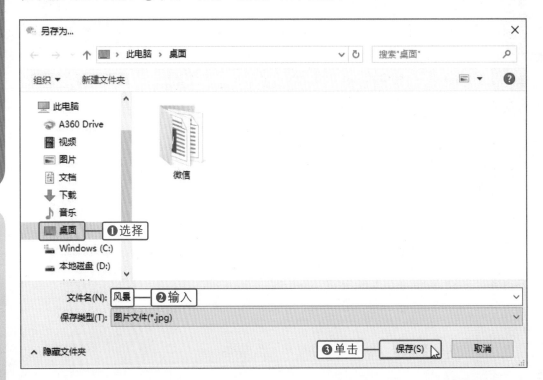

学习笔记